線対称 ①

1 下の あ〜え の形で，線対称な図形はどれですか。

 あ　 い　 う　 え

[　　　　　　　　]

2 右の図は線対称な図形です。

❶ 対称の軸をかき入れましょう。

❷ 点Eに対応する点はどれですか。

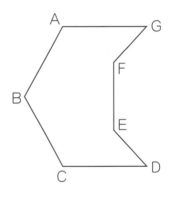

[　　　　　　]

❸ 辺ABに対応する辺はどれですか。

[　　　　　　]

❹ 角Gに対応する角はどれですか。

[　　　　　　]

答えは71ページ ☞

線対称 ②

1 右の図は，直線アイを対称の軸とした線対称な図形です。

❶ 辺 DE の長さは何 cm ですか。

[　　　　　　]

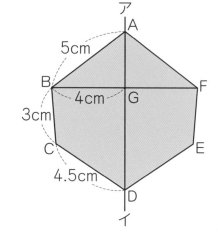

❷ 直線 BF の長さは何 cm ですか。

[　　　　　　]

2 直線アイが対称の軸になるように，線対称な図形をかきましょう。

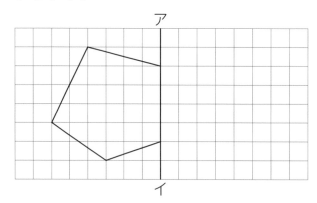

対応する点をとって結ぼう。

答えは71ページ ☞

点対称 ①

1 下の㋐～㋑の形で，点対称な図形はどれですか。

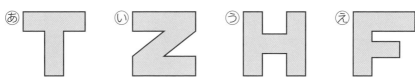

㋐　㋑　㋒　㋓

[　　　　　　　]

2 右の図は点対称な図形です。

① 対称の中心〇をかき入れましょう。

② 点Aに対応する点はどれですか。

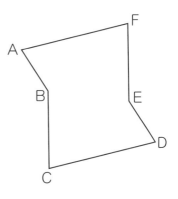

[　　　　　]

③ 辺BCに対応する辺はどれですか。

[　　　　　]

④ 角Fに対応する角はどれですか。

[　　　　　]

答えは71ページ☞

点対称 ②

1 右の図は，点Oを対称の中心とした点対称な図形です。

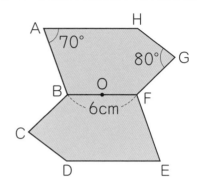

❶ 角Cの大きさは何度ですか。

[　　　　　　]

❷ 直線 BO の長さは何 cm ですか。

[　　　　　　]

2 点Oが対称の中心になるように，点対称な図形をかきましょう。

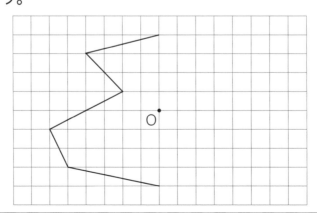

答えは71ページ ☞

LESSON 5

多角形と対称（たいしょう） ①

月　日

正解 5個中　　個 ／ 合格 4個

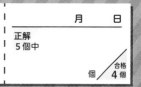

1 下のあ～えの四角形について，記号で答えましょう。

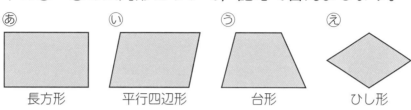

あ 長方形
い 平行四辺形
う 台形
え ひし形

❶ 線対称な図形はどれですか。

[　　　　　　]

❷ 点対称な図形はどれですか。

[　　　　　　]

2 右の図は正方形で，線対称でもあり，点対称でもある図形です。

A
D
B
C

❶ 対称の軸（じく）は何本ありますか。

[　　　　　　]

❷ 対称の中心Oをかき入れましょう。

❸ この正方形を点対称な図形とみたとき，点Aに対応する点はどれですか。

[　　　　　　]

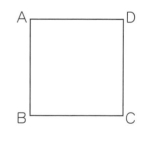

LESSON 6

多角形と対称 ②

月　日

正解 3個中　個　合格 2個

1 下の㋐～㋒の三角形のうち，線対称な図形を選び，記号で答えましょう。

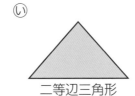

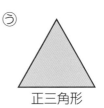

㋐
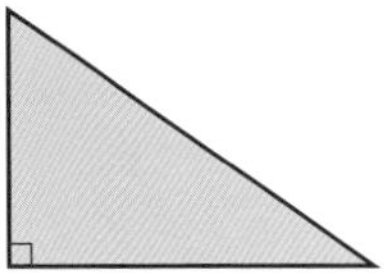
直角三角形

㋑
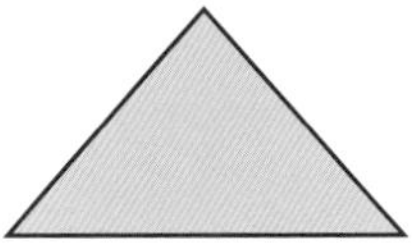
二等辺三角形

㋒
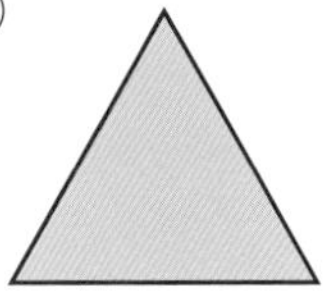
正三角形

[　　　　　　]

2 下の㋐～㋓の多角形について，記号で答えましょう。

㋐
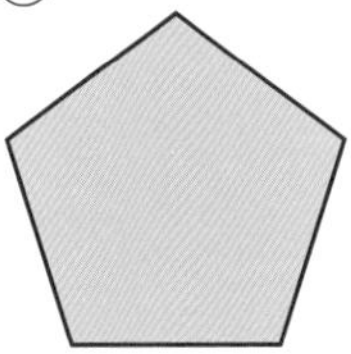
正五角形

㋑
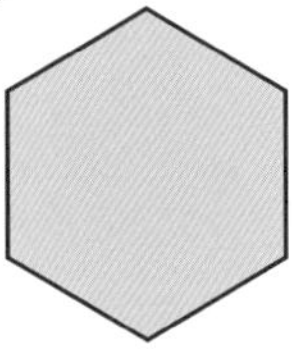
正六角形

㋒
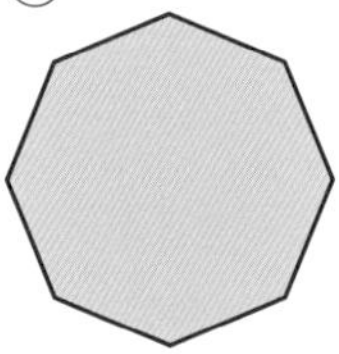
正八角形

㋓
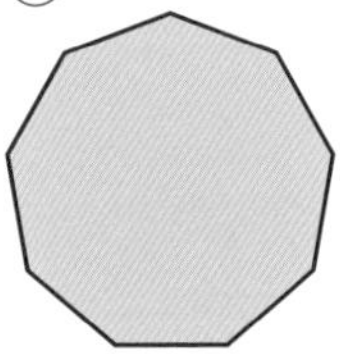
正九角形

❶ 線対称な図形はどれですか。

[　　　　　　]

❷ 点対称な図形はどれですか。

[　　　　　　]

答えは71ページ☞

文字と式 ①

1 次の場面を，x を使った式で表しましょう。

❶ 縦の長さが 7 cm，横の長さが x cm の長方形の面積

[　　　　　　　　　　　]

❷ x 円のノートと 50 円のえん筆を買ったときの代金

[　　　　　　　　　　　]

❸ x L のジュースを 4 人で等分したときの 1 人分のジュースの量

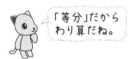
「等分」だから
わり算だね。

[　　　　　　　　　　　]

❹ 70 枚の折り紙のうち，x 枚を使ったときの残りの折り紙の枚数

[　　　　　　　　　　　]

❺ x g のボール 6 個を 200 g の箱に入れたときの全体の重さ

[　　　　　　　　　　　]

文字と式 ②

1 次の場面で，x と y の関係を式に表しましょう。

① x ページある本を 15 ページ読んだときの残りのページ数 y ページ

[　　　　　　　　　　　]

② 1 周 200 m のトラックを x 周走ったときの，走った道のりの合計 y m

[　　　　　　　　　　　]

③ 5 年生が x 人，6 年生が 67 人いるときの 5 年生，6 年生全体の人数 y 人

[　　　　　　　　　　　]

④ 面積が x cm^2 で，底辺の長さが 8 cm の平行四辺形の高さ y cm

[　　　　　　　　　　　]

⑤ 30 円のあめを x 個と 100 円のジュースを買ったときの代金 y 円

[　　　　　　　　　　　]

答えは72ページ ☞

1 | 辺の長さが x cm の正方形があります。

❶ まわりの長さを，x を使った式で表しましょう。

[　　　　　　　　　]

❷ x の値が 9 のときの，まわりの長さを求めましょう。

[　　　　　　]

2 x 円のドーナツと 150 円のジュースを買います。

❶ 代金を，x を使った式で表しましょう。

[　　　　　　　]

❷ x の値が 110 のときの代金を求めましょう。

[　　　　　　]

❸ 代金が 240 円になるときの，x の値を求めましょう。

[　　　　　]

文字と式 ④

1 1本80円のペンを買います。

❶ 買うペンの本数を x 本，代金を y 円として，x と y の関係を式に表しましょう。

[　　　　　　　　　　　]

❷ x の値が3のときの y の値を求めましょう。

[　　　　　　　　　　　]

2 ジュースを0.2L飲みました。

❶ はじめにあったジュースの量を x L，残ったジュースの量を y L として，x と y の関係を式に表しましょう。

[　　　　　　　　　　　]

❷ x の値が2のときの y の値を求めましょう。

[　　　　　　　　　　　]

❸ y の値が1.4になるときの x の値を求めましょう。

[　　　　　　　　　　　]

答えは72ページ ☞

まとめテスト ①

1 右の図は線対称な図形です。

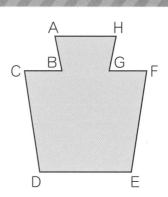

❶ 点 B に対応する点はどれで
すか。

[　　　　　　　]

❷ 辺 EF に対応する辺はどれ
ですか。

[　　　　　　　]

2 x m のテープを 5 等分します。

❶ 1 本分の長さを，x を使った式で表しましょう。

[　　　　　　　]

❷ x の値が 20 のときの 1 本分の長さを求めましょう。

[　　　　　　　]

❸ 1 本分の長さが 1.6 m になるときの，x の値を求めま
しょう。

[　　　　　　　]

まとめテスト ②

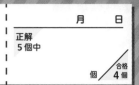
1 右の図は点対称な図形です。

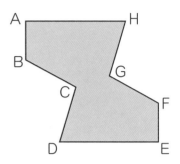

❶ 点Bに対応する点はどれですか。

[　　　　　　　　　]

❷ 辺GHに対応する辺はどれですか。

[　　　　　　　　　]

2 高さが9cmの平行四辺形があります。

❶ 底辺の長さを$x$cm，面積を$y$cm^{2}として，xとyの関係を式に表しましょう。

[　　　　　　　　　]

❷ xの値が4のときのyの値を求めましょう。

[　　　　　　　　　]

❸ yの値が27になるときのxの値を求めましょう。

[　　　　　　　　　]

1 1 dL で $\frac{4}{9}$ m^2 の板をぬれるペンキがあります。このペンキ 2 dL では，何 m^2 の板をぬれますか。

[　　　　　　　]

2 ジュースが $\frac{3}{4}$ L 入ったびんが 6 本あります。ジュースは全部で何 L ありますか。

[　　　　　　　]

3 1 m の重さが $\frac{7}{6}$ g の針金があります。この針金 9 m の重さは何 g ですか。

[　　　　　　　]

答えは72ページ

分数のかけ算 ②

1 1m の重さが $\frac{3}{7}$ kg の鉄の棒があります。この鉄の棒 $\frac{5}{8}$ m の重さは何 kg ですか。

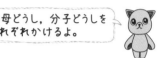

分母どうし，分子どうしを
それぞれかけるよ。

[　　　　　　　]

2 $\frac{9}{5}$ m² の花だんに水をまきます。1 m² あたり $\frac{4}{3}$ L まくとすると，全部で何 L の水が必要ですか。

[　　　　　　　]

3 1 L の値段が 720 円の油があります。この油 $\frac{7}{8}$ L の代金は何円ですか。

[　　　　　　　]

答えは72ページ ☞

分数のかけ算 ③

1 1 dL の中に $2\frac{1}{3}$ g の食塩がふくまれている食塩水があります。この食塩水 $\frac{2}{5}$ dL の中には何 g の食塩がふくまれていますか。

[　　　　　　]

2 1 kg の米をたくのに，水を $1\frac{1}{2}$ L 使います。$2\frac{4}{5}$ kg の米をたくには，何 L の水が必要ですか。

[　　　　　　]

3 1 L の重さが $1\frac{3}{4}$ kg の砂があります。この砂 $3\frac{1}{7}$ L の重さは何 kg ですか。

[　　　　　　]

分数のかけ算 ④

1 次の長方形や平行四辺形の面積を求めましょう。

❶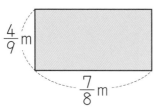

❷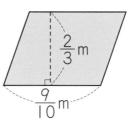

[　　　　　] 　　　　[　　　　　]

2 次の直方体や立方体の体積を求めましょう。

❶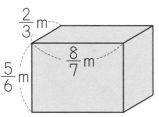

❷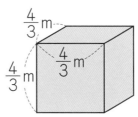

[　　　　　] 　　　　[　　　　　]

答えは73ページ ☞

分数のわり算 ①

1 3 dL で $\frac{7}{8}$ m² の板をぬれるペンキがあります。このペンキ 1 dL では，何 m² の板をぬれますか。

[　　　　　　　]

2 4 m の重さが $\frac{6}{7}$ kg の鉄の棒（ぼう）があります。この鉄の棒 1 m の重さは何 kg ですか。

[　　　　　　　]

3 $\frac{9}{10}$ L のジュースを 6 人で等分します。1 人分は何 L になりますか。

[　　　　　　　]

答えは73ページ ☞

分数のわり算 ②

1 $\frac{4}{5}$ m の重さが $\frac{3}{7}$ kg のパイプがあります。このパイプ 1 m の重さは何 kg ですか。

わる数の逆数を
かけるよ。

[　　　　　　　]

2 $\frac{15}{8}$ m² の花だんに $\frac{10}{9}$ kg の肥料をまきました。1 m² あたり何 kg の肥料をまきましたか。

[　　　　　　　]

3 $\frac{9}{4}$ m のひもがあります。$\frac{3}{8}$ m ずつに切ると, 何本のひもができますか。

[　　　　　　　]

答えは73ページ ☞

分数のわり算 ③

1 $1\frac{1}{2}$ ha の田から $6\frac{2}{3}$ t の米がとれました。1 ha あたり何 t の米がとれましたか。

[　　　　　　]

2 $3\frac{3}{4}$ L の重さが $3\frac{1}{3}$ kg の油があります。この油 1 L の重さは何 kg ですか。

[　　　　　　]

3 $1\frac{1}{6}$ L のガソリンで $17\frac{1}{2}$ km 走る自動車があります。この自動車は 1 L のガソリンで何 km 走りますか。

[　　　　　　]

答えは73ページ ☞

分数のわり算 ④

1 縦の長さが $\frac{3}{4}$ m で，面積が $\frac{5}{9}$ m² の長方形の，横の長さは何 m ですか。

[　　　　　　　]

2 底辺の長さが $\frac{4}{5}$ m で，面積が $\frac{7}{10}$ m² の平行四辺形の，高さは何 m ですか。

[　　　　　　　]

3 縦の長さが $\frac{3}{8}$ m，横の長さが $\frac{7}{9}$ m で，体積が $\frac{21}{16}$ m³ の，直方体の高さは何 m ですか。

[　　　　　　　]

答えは74ページ ☞

分数の倍とかけ算・わり算 ①

1 りんごジュースが $\frac{5}{8}$ L，オレンジジュースが $\frac{2}{3}$ L，トマトジュースが $\frac{3}{4}$ L あります。

❶ りんごジュースの量は，オレンジジュースの量の何倍ですか。

[　　　　　　]

❷ トマトジュースの量は，りんごジュースの量の何倍ですか。

[　　　　　　]

2 赤いリボンの長さは $\frac{6}{7}$ m，青いリボンの長さは $\frac{9}{10}$ m です。青いリボンの長さは，赤いリボンの長さの何倍ですか。

[　　　　　　]

答えは74ページ ☞

1　あかねさんの身長は 140 cm です。みきさんの身長は，あかねさんの身長の $\frac{8}{7}$ 倍です。みきさんの身長は何 cm ですか。

［　　　　　　　］

2　赤い箱の重さは $\frac{4}{9}$ kg です。青い箱の重さは，赤い箱の重さの $\frac{5}{6}$ 倍です。青い箱の重さは何 kg ですか。

［　　　　　　　］

3　サンドイッチの値段は 200 円です。これは，ハンバーガーの値段の $\frac{4}{5}$ 倍です。ハンバーガーの値段は何円ですか。

［　　　　　　　］

まとめテスト ③

1 $\frac{10}{3}$ kg のねん土を 6 人で等分します。1 人分は何 kg になりますか。

[　　　　　　]

2 1 L のガソリンで $20\frac{1}{4}$ km 走る自動車があります。この自動車は $2\frac{2}{9}$ L のガソリンで何 km 走りますか。

[　　　　　　]

3 花だんの面積は $\frac{12}{5}$ m²，砂場の面積は $\frac{15}{4}$ m² です。花だんの面積は，砂場の面積の何倍ですか。

[　　　　　　]

答えは74ページ ☞

まとめテスト ④

1 １ m の値段が 150 円のリボンがあります。このリボン $\frac{3}{5}$ m の値段は何円ですか。

[　　　　　　]

2 $1\frac{5}{6}$ dL で $1\frac{1}{3}$ m^2 の板をぬれるペンキがあります。１ m^2 の板をぬるには，このペンキが何 dL いりますか。

[　　　　　　]

3 北公園の面積は 3500 m^2 です。これは，南公園の面積の $\frac{5}{7}$ 倍です。南公園の面積は何 m^2 ですか。

[　　　　　　]

円の面積 ①

1 次の円の面積を求めましょう。

❶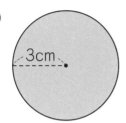

3cm

❷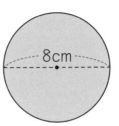

8cm

[　　　　　　]　　　　[　　　　　　]

2 次の図形の面積を求めましょう。

❶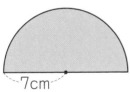

7cm

❷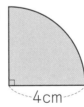

4cm

[　　　　　　]　　　　[　　　　　　]

答えは75ページ ☞

円の面積 ②

1 あの円の面積は，いの円の面積の何倍ですか。

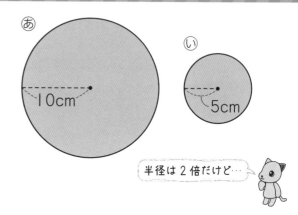

半径は2倍だけど…

[　　　　　　]

2 円周の長さが次のような円の面積を求めましょう。

❶ 円周の長さが 12.56 cm

[　　　　　　]

❷ 円周の長さが 43.96 cm

[　　　　　　]

答えは75ページ ☞

円の面積 ③

1 色のついた部分の面積を求めましょう。

❶

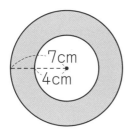

7cm
4cm

❷

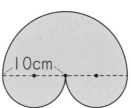

10cm

[　　　　　]　　　[　　　　　]

❸

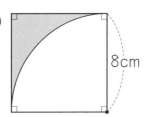

8cm

❹

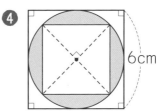

6cm

[　　　　　]　　　[　　　　　]

答えは75ページ ☞

角柱や円柱の体積 ①

1 次の角柱や円柱の体積を求めましょう。

❶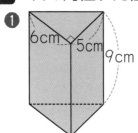
6cm　5cm　9cm

❷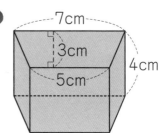
7cm　3cm　5cm　4cm

[　　　　　　] [　　　　　　]

❸
4cm
10cm

❹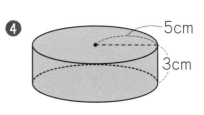
5cm
3cm

[　　　　　　] [　　　　　　]

答えは75ページ ☞

角柱や円柱の体積 ②

1 次の展開図(てんかいず)を組み立ててできる立体の体積を求めましょう。

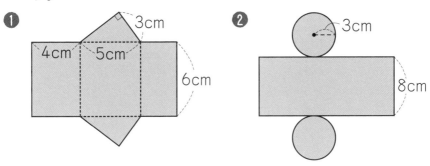

❶

3cm

4cm　5cm

6cm

❷

3cm

8cm

[　　　　　] 　　　 [　　　　　]

2 体積が 252 cm³ で, 底面積が 36 cm² の角柱があります。この角柱の高さは何 cm ですか。

[　　　　　]

角柱や円柱の体積 ③

1 次の立体の体積を求めましょう。

① 直方体を合わせた立体

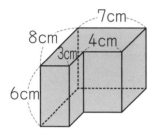

[　　　　　　　]

② 四角柱から三角柱をくりぬいた立体

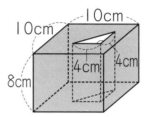

[　　　　　　　]

③ 円柱を半分にした立体

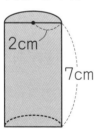

[　　　　　　　]

④ 円柱から円柱をくりぬいた立体

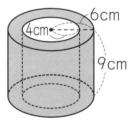

[　　　　　　　]

答えは75ページ ☞

およその面積と体積 ①

1 右のような形をした池があります。

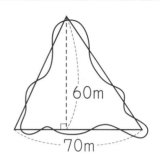

❶ この池は，およそどんな形とみることができますか。

[　　　　　　　　　]

❷ この池のおよその面積は約何 m² ですか。

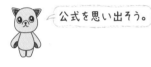

公式を思い出そう。

[　　　　　　　　　]

2 右のような形をした公園があります。

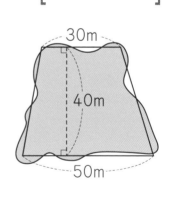

❶ この公園は，およそどんな形とみることができますか。

[　　　　　　　　　]

❷ この公園のおよその面積は約何 m² ですか。

[　　　　　　　　　]

答えは75ページ ☞

およその面積と体積 ②

1 右のような国語辞典があります。

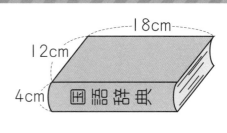

❶ この国語辞典は，およそどんな形とみることができますか。

[　　　　　　　　]

❷ この国語辞典のおよその体積は約何 cm^3 ですか。

[　　　　　　　　]

2 右のようなのりがあります。

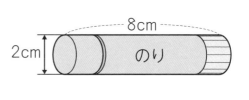

❶ このは，およそどんな形とみることができますか。

[　　　　　　　　]

❷ このりのおよその体積は約何 cm^3 ですか。

[　　　　　　　　]

まとめテスト ⑤

1 次の図形の面積を求めましょう。

❶

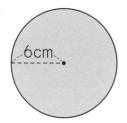

6cm

❷

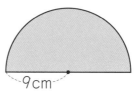

9cm

[　　　　　]　　　　[　　　　　]

2 次の角柱や円柱の体積を求めましょう。

❶

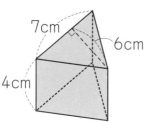

7cm

6cm

4cm

❷

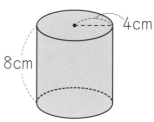

4cm

8cm

[　　　　　]　　　　[　　　　　]

答えは76ページ☞

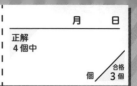
1 色のついた部分の面積を求めましょう。

❶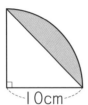
10cm

❷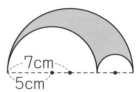
7cm
5cm

[   ]   [   ]

2 体積が 168 cm³ で，高さが 6 cm の角柱があります。この角柱の底面積は何 cm² ですか。

[   ]

3 底面の円周の長さが 56.52 cm で，高さが 2 cm の円柱があります。この円柱の体積は何 cm³ ですか。

[   ]

答えは76ページ ☞

1 あいさんのクラスは，運動会で赤組と白組の2組に分かれます。赤組は15人，白組は13人です。

❶ 赤組と白組の人数の割合を比で表しましょう。

[　　　　　　　]

❷ 赤組とクラス全体の人数の割合を比で表しましょう。

[　　　　　　　]

2 次の比の値を求めましょう。

❶ 4：7　　　　　　　　❷ 3：8

[　　　　　]　　[　　　　　]

❸ 2：6　　　　　　　　❹ 9：12

[　　　　　]　　[　　　　　]

❺ 20：36　　　　　　　❻ 42：35

[　　　　　]　　[　　　　　]

1 3：5と等しい比はどれですか。すべて選んで，記号で答えましょう。

あ 6：10　　い 4：6　　う 5：3　　え 9：15

[　　　　　　　　　　]

2 次の比を簡単にしましょう。

❶ 7：14　　　　　　　❷ 8：12

分数の
約分と
同じだね。

[　　　　　]　　　[　　　　　]

❸ 10：16　　　　　　❹ 36：30

[　　　　　]　　　[　　　　　]

❺ 0.4：0.9　　　　　❻ $\dfrac{1}{3}$：$\dfrac{3}{7}$

[　　　　　]　　　[　　　　　]

答えは76ページ ☞

比 ③

1 次の式で, x の表す数を求めましょう。

① $2:3=x:9$

② $5:4=20:x$

[　　　　　]　　　　　[　　　　　]

③ $21:27=7:x$

④ $18:48=x:8$

[　　　　　]　　　　　[　　　　　]

⑤ $x:24=5:3$

⑥ $72:x=8:7$

[　　　　　]　　　　　[　　　　　]

⑦ $9:x=36:8$

⑧ $x:5=18:15$

[　　　　　]　　　　　[　　　　　]

1 すとサラダ油の量の比が 2：3 になるように混ぜて, ドレッシングをつくります。すを 40 mL 使うとき, サラダ油は何 mL 必要ですか。

[　　　　　　]

2 赤いリボンと青いリボンの長さの比は 5：8 で, 赤いリボンの長さは 30 cm です。青いリボンの長さは何 cm ですか。

[　　　　　　]

3 まさとさんの学校の 5 年生と 6 年生の人数の比は 7：6 で, 5 年生の人数は 84 人です。6 年生の人数は何人ですか。

[　　　　　　]

答えは76ページ ☞

比を使った問題 ②

1 縦の長さと横の長さの比が 3 : 4 になるようにして，長方形の旗をつくります。縦の長さを 36 cm にするとき，横の長さは何 cm にすればよいですか。

[　　　　　　　]

2 みさきさんとまきさんが持っている折り紙の枚数の比は 7 : 5 で，みさきさんは 56 枚持っています。まきさんは何枚持っていますか。

[　　　　　　　]

3 ハンバーガーとジュースの値段の比は 5 : 2 で，ジュースの値段は 140 円です。ハンバーガーの値段は何円ですか。

[　　　　　　　]

答えは76ページ

比を使った問題 ③

1 45枚のカードを，ゆうさんとつかささんのカードの枚数の比が5：4になるように分けます。ゆうさんのカードの枚数は何枚になりますか。

[　　　　　]

2 コーヒーと牛乳の量の比が5：3になるように混ぜて，コーヒー牛乳をつくります。コーヒー牛乳を240mLつくるには，コーヒーは何mL必要ですか。

[　　　　　]

3 みゆきさんの学校の全校児童の数は450人で，1年生から3年生と4年生から6年生の人数の比は8：7です。1年生から3年生の人数は何人ですか。

[　　　　　]

答えは77ページ ☞

拡大図と縮図 ①

1 下の図を見て答えましょう。

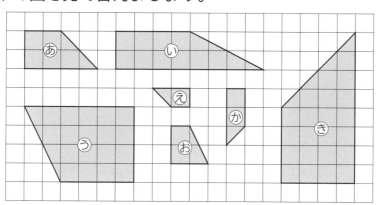

❶ あの拡大図はどれですか。また，それは何倍の拡大図ですか。

[　　　]で[　　　　　　]の拡大図

❷ あの縮図はどれですか。また，それは何分の一の縮図ですか。

[　　　]で[　　　　　　]の縮図

2 右のいの長方形は，あの長方形の拡大図といえますか。

[　　　　　　　　]

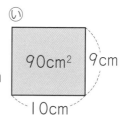

あ

30cm² 5cm
6cm

い

90cm² 9cm
10cm

答えは77ページ ☞

拡大図と縮図 ②

1 下の四角形 EFGH は，四角形 ABCD の拡大図です。

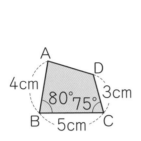

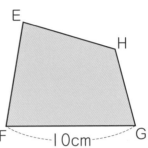

❶ 四角形 EFGH は，四角形 ABCD の何倍の拡大図ですか。

[　　　　　　　]

❷ 辺 CD に対応する辺はどれですか。また，何 cm ですか。

対応する辺 [　　　　　　　]

長さ [　　　　　　　]

❸ 角 B に対応する角はどれですか。また，何度ですか。

対応する角 [　　　　　　　]

大きさ [　　　　　　　]

答えは77ページ ☞

拡大図と縮図 ③

月　日

正解
2個中

個 / 合格 1個

1 右の三角形 ABC の 2 倍の拡大図と $\frac{1}{2}$ の縮図をかきましょう。

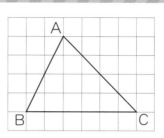

❶ 2 倍の拡大図

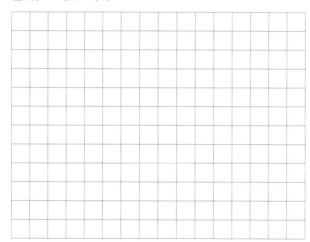

❷ $\frac{1}{2}$ の縮図

ますの数を正しく数えてかこう。

答えは77ページ ☞

縮図の利用

1 右の図は，けんたさんの学校の
校舎の縮図です。

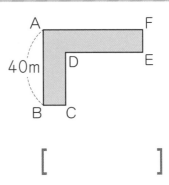

❶ 何分の一の縮図ですか。

[　　　　　　　　]

❷ AF の実際の長さは何 m ですか。

[　　　　　　　　]

2 右の図の川はば AB の実際の長
さを求めます。

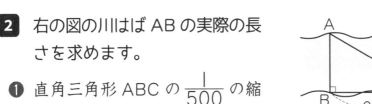

❶ 直角三角形 ABC の $\dfrac{1}{500}$ の縮
図をかきましょう。

❷ 川はば AB の実際の長さは約何 m ですか。

[　　　　　　]

答えは77ページ ☞

まとめテスト ⑦

1 400 mL の米をたくのに，水を 480 mL 使います。米と水の量の割合を，簡単な整数の比で表しましょう。

[　　　　　　　]

2 花だんにさいている赤い花と白い花の本数の比は 3：7 で，赤い花は 24 本です。白い花は何本ですか。

[　　　　　　　]

3 右の図の三角形 DBE は，三角形 ABC の $\frac{1}{2}$ の縮図です。

❶ 角㋐の大きさは何度ですか。

[　　　　　]

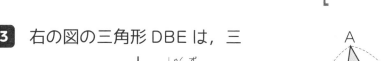

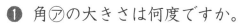

❷ 辺 DE の長さは何 cm ですか。

[　　　　　　　]

まとめテスト ⑧

月　　日

正解
4個中

個／合格
3個

1 次の式で，x の表す数を求めましょう。

① $4:7=x:49$　　　② $15:25=3:x$

[　　　　　] 　　　[　　　　　]

2 まわりの長さが 60 cm の長方形をかきます。縦の長さと横の長さの比が 3：7 になるようにするには，縦の長さを何 cm にすればよいですか。

[　　　　　]

3 右の図は，西公園の花だんの縮図です。花だんの BC の実際の長さは何 m ですか。

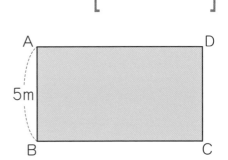

[　　　　　]

答えは78ページ ☞

比 例 ①

1 縦の長さが 5 cm の長方形の横の長さ x cm と面積 y cm^2 の関係を調べます。

横の長さ　x(cm)	1	2	3	4	5	6
面積　　　y(cm^2)	5	10				

❶ 上の表のあいているところにあてはまる数を書きましょう。

❷ x の値が 2 倍, 3 倍, …になると, y の値はどのように変わりますか。

[　　　　　　　　　　　　　　]

❸ x の値でそれに対応する y の値をわった商はいくつになりますか。

5÷1＝?
10÷2＝?

[　　　　　　　　　　　]

❹ □ にあてはまることばを書きましょう。

y は x に [　　　　　　　] している。

❺ x と y の関係を式に表しましょう。

[　　　　　　　　　　　]

答えは78ページ ☞

比　例 ②

1 直方体の形をした水そうに，水の深さが１分間に３cm
ずつ深くなるように水を入れるときの，水を入れた時間
x 分と水の深さ y cm の関係を調べます。

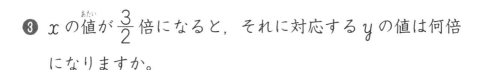

水を入れた時間 x(分)	1	2	3	4	5	6	
水の深さ 　y(cm)	3	6					

❶ 上の表のあいているところにあてはまる数を書きましょ
う。

❷ x と y の関係を式に表しましょう。

[　　　　　　　　　　]

❸ x の値が $\dfrac{3}{2}$ 倍になると，それに対応する y の値は何倍
になりますか。

[　　　　　　　　]

❹ x の値が $\dfrac{5}{6}$ 倍になると，それに対応する y の値は何倍
になりますか。

[　　　　　　　]

比 例 ③

1 分速 60 m で歩くときの歩いた時間 x 分と道のり y m の関係を調べます。

時間　　x（分）	2	4	6	8	10	12	
道のり　y（m）	120	240					

❶ 上の表のあいているところにあてはまる数を書きましょう。

❷ x と y の関係を式に表しましょう。

[　　　　　　　　　　]

❸ x の値が 0.8 倍になると，それに対応する y の値は何倍になりますか。

[　　　　　　　　　]

❹ x の値が 15 のときの y の値を求めましょう。

[　　　　　　　　]

❺ y の値が 1260 のときの x の値を求めましょう。

[　　　　　　　　]

答えは78ページ ☞

1 次のことがらで，y が x に比例するものには○，比例しないものには×をつけましょう。

❶ [　　] 1mの重さが9gの針金の長さ x m と重さ y g

❷ [　　] 800mの道のりを歩くときの歩いた道のり x m と残りの道のり y m

❸ [　　] 25人のクラスでサッカークラブに入っている人数 x 人と入っていない人数 y 人

❹ [　　] 正三角形の1辺の長さ x cm とまわりの長さ y cm

2 高さが 2.5 cm の平行四辺形があります。

❶ 底辺の長さを x cm，面積を y cm² として，x と y の関係を式に表しましょう。

[　　　　　　　]

❷ 底辺の長さが 6 cm のときの面積は何 cm² ですか。

[　　　　　]

❸ 面積が 40 cm² のときの底辺の長さは何 cm ですか。

[　　　　　]

比例のグラフ ①

1 底面積が 2 cm² の三角柱の高さ x cm と体積 y cm³ の関係を調べます。

高さ　　　x(cm)	1	2	3	4	5	6	
体積　　　y(cm³)	2	4					

❶ 上の表のあいているところにあてはまる数を書きましょう。

❷ x と y の関係を式に表しましょう。

[　　　　　　　　　　　]

❸ x と y の関係をグラフに表しましょう。

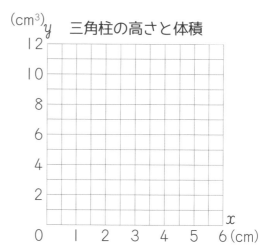

(cm³) y　三角柱の高さと体積

12
10
8
6
4
2
0　　1　2　3　4　5　6 (cm)　x

❹ x の値が 3.5 のときの y の値を求めましょう。

[　　　　　　　　　　]

比例のグラフ ②

1 右のグラフは，2種類の針金A，Bの長さ x m と重さ y g の関係を表したものです。

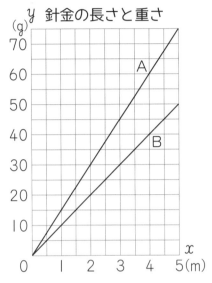

y　針金の長さと重さ

① それぞれの針金4m の重さは何gですか。

A [　　　　　　　]

B [　　　　　　　]

② それぞれの針金30gの長さは何mですか。

A [　　　　　　] B [　　　　　　　]

③ それぞれの針金について，x と y の関係を式に表しましょう。

A [　　　　　　　　] B [　　　　　　　]

④ 16mの重さが240gなのは，どちらの針金ですか。

[　　　　　　]

答えは78ページ ☞

比例の利用 ①

1 同じ種類のくぎ 10 本の重さ
をはかったら 26 g でした。
このくぎを数えないで 150
本用意します。

本数（本）	10	150
重さ（g）	26	

❶ このくぎ 1 本の重さは何 g ですか。

[　　　　　　　]

❷ このくぎを 150 本用意するには，このくぎは何 g 必要
ですか。

[　　　　　　　]

2 画用紙 20 枚の重さをはかったら 130 g でした。この
画用紙を数えないで 70 枚用意します。

❶ 70 枚は 20 枚の何倍ですか。

[　　　　　　　]

❷ この画用紙を 70 枚用意するには，この画用紙は何 g 必
要ですか。

[　　　　　　　]

答えは78ページ

比例の利用 ②

1 同じ種類の画びょう 20 個の重さをはかったら 12 g でした。

❶ この画びょうを 90 個用意するには，この画びょうは何 g 必要ですか。

[　　　　　　　]

❷ 画びょう全部の重さをはかったら 102 g でした。画びょうは全部で何個ありますか。

[　　　　　　　]

2 コピー用紙 10 枚の重さをはかったら 45 g でした。

❶ このコピー用紙を 80 枚用意するには，このコピー用紙は何 g 必要ですか。

[　　　　　　　]

❷ コピー用紙全部の重さをはかったら 585 g でした。コピー用紙は全部で何枚ありますか。

[　　　　　　　]

答えは79ページ ☞

反比例 ①

1 面積が $60\ cm^2$ の長方形の，縦の長さ $x\ cm$ と横の長さ $y\ cm$ の関係を調べます。

縦の長さ　x(cm)	1	2	3	4	5	6	
横の長さ　y(cm)	60	30					

❶ 上の表のあいているところにあてはまる数を書きましょう。

❷ x の値が 2 倍，3 倍，…になると，y の値はどのように変わりますか。

[　　　　　　　　　　　　　　]

❸ x の値とそれに対応する y の値の積はいくつになりますか。

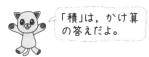

「積」は，かけ算の答えだよ。

[　　　　　　]

❹ □ にあてはまることばを書きましょう。

y は x に [　　　　　　] している。

❺ x と y の関係を式に表しましょう。

[　　　　　　　　　　　　　　]

1 体積が $36\,\text{cm}^3$ の直方体の底面積 $x\,\text{cm}^2$ と高さ $y\,\text{cm}$ の関係を調べます。

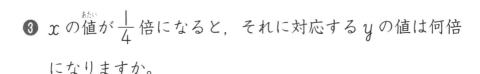

底面積　$x(\text{cm}^2)$	2	4	6	8	10	12
高さ　　$y(\text{cm})$	18	9				

❶ 上の表のあいているところにあてはまる数を書きましょう。

❷ x と y の関係を式に表しましょう。

[　　　　　　　　　　　]

❸ x の値が $\dfrac{1}{4}$ 倍になると，それに対応する y の値は何倍になりますか。

[　　　　　　　]

❹ x の値が 15 のときの y の値を求めましょう。

[　　　　　　　]

❺ y の値が 5 のときの x の値を求めましょう。

[　　　　　　　]

反比例 ③

1 次のことがらで，y が x に反比例するものには○，反比例しないものには×をつけましょう。

❶ [　　] 500 mL の牛乳を兄と弟で分けるときの，兄の分の量 x mL と弟の分の量 y mL

❷ [　　] 900 m の道のりを進むときの分速 x m とかかる時間 y 分

❸ [　　] 底面積が 8 cm² の四角柱の高さ x cm と体積 y cm³

2 水そうに水を 48 L 入れます。

❶ 1 分間に入れる水の量を x L，入れ終わるまでにかかる時間を y 分として，x と y の関係を式に表しましょう。

[　　　　　　　　　　　]

❷ 1 分間に水を 2 L 入れるとき，入れ終わるまでに何分かかりますか。

[　　　　　　　　]

❸ 15 分で入れ終えるには，1 分間に水を何 L 入れればよいですか。

[　　　　　　　　]

反比例のグラフ

1 面積が 6 cm² の平行四辺形の底辺の長さ x cm と高さ y cm の関係を調べます。

底辺の長さ x(cm)	1	2	3	4	6	
高さ　　y(cm)	6	3				

❶ 上の表のあいているところにあてはまる数を書きましょう。

❷ x と y の関係を式に表しましょう。

[　　　　　　　　　　　　　]

❸ 上の表の x と y の値の組をグラフに表しましょう。

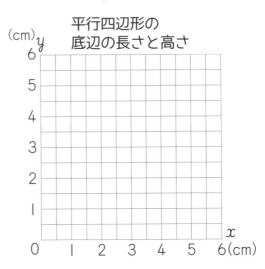

平行四辺形の
底辺の長さと高さ

❹ x の値が 0.5 のときの y の値を求めましょう。

[　　　　　　　　　　　　　]

答えは79ページ☞

1 次のことがらで，y が x に比例するものには○，反比例するものには△，比例も反比例もしないものには×をつけましょう。

❶ [　　　] 体積が $54\ cm^3$ の三角柱の底面積 $x\ cm^2$ と高さ $y\ cm$

❷ [　　　] 1日の昼の長さ x 時間と夜の長さ y 時間

❸ [　　　] 時速 $3\ km$ で歩くときの歩いた時間 x 時間と道のり $y\ km$

❹ [　　　] 円の直径の長さ $x\ cm$ と円周の長さ $y\ cm$

2 横の長さが $8\ cm$ の長方形があります。

❶ 縦の長さを $x\ cm$，面積を $y\ cm^2$ として，x と y の関係を式に表しましょう。

[　　　　　　　　　]

❷ 縦の長さが $3.5\ cm$ のときの面積は何 cm^2 ですか。

[　　　　　　　　　]

❸ 面積が $52\ cm^2$ のときの縦の長さは何 cm ですか。

[　　　　　　　　　]

まとめテスト ⑩

1 家から駅まで分速 40 m で歩くと 30 分かかります。

❶ 分速 x m で進むときにかかる時間を y 分として，x と y の関係を式に表しましょう。

[　　　　　　　　　]

❷ 分速 50 m で歩くと何分かかりますか。

[　　　　　　　　　]

❸ 家から駅まで 8 分で行くには，この道を分速何 m で進めばよいですか。

[　　　　　　　　　]

2 3 m の重さが 48 g の針金があります。

❶ この針金 4 m の重さは何 g ですか。

[　　　　　　　　　]

❷ この針金 136 g の長さは何 m ですか。

[　　　　　　　　　]

答えは79ページ ☞

並べ方 ①

1　A，B，Cの3人が横一列に並んで写真をとります。3人の並び方は全部で何通りありますか。

[　　　　　　　]

2　数字カードを4枚使って，4けたの整数をつくります。

❶ 1 2 3 4 のカードでは，4けたの整数は全部で何通りできますか。

[　　　　　　　]

❷ 0 1 2 3 のカードでは，4けたの整数は全部で何通りできますか。

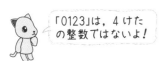

「0123」は，4けたの整数ではないよ!

[　　　　　　　]

3　A，B，C，Dの4人の中から班長と副班長を選びます。選び方は全部で何通りありますか。

[　　　　　　　]

答えは79ページ ☞

並べ方 ②

1 数字カードを 2 枚使って，2 けたの整数をつくります。

❶ 2 4 6 8 のカードの中から 2 枚使うとき，2 けたの整数は全部で何通りできますか。

[　　　　　　　]

❷ 1 3 5 7 9 のカードの中から 2 枚使うとき，2 けたの整数は全部で何通りできますか。

[　　　　　　　]

2 1 枚のコインを投げます。

❶ 3 回投げるとき，表と裏の出方は全部で何通りありますか。

[　　　　　　　]

❷ 4 回投げるとき，表と裏の出方は全部で何通りありますか。

[　　　　　　　]

答えは80ページ☞

組み合わせ ①

1 A, B, C, Dの4チームが野球の試合をします。どのチームとも1回ずつ試合をするとき, 試合の組み合わせは全部で何通りありますか。

[　　　　　　　]

2 赤, 青, 黄, 緑, 白の5枚の折り紙があります。
❶ 2枚を選ぶとき, 選び方は全部で何通りありますか。

[　　　　　　　]

❷ 3枚を選ぶとき, 選び方は全部で何通りありますか。

[　　　　　　　]

3 ぶどう, みかん, りんご, ももの4種類のゼリーの中から, 3種類を選んで買います。選び方は全部で何通りありますか。

[　　　　　　　]

答えは80ページ

組み合わせ ②

1 A，B，C，D，E，Fの6人の中から，2人の委員を選びます。選び方は全部で何通りありますか。

[　　　　　　]

2 バニラ，チョコレート，ストロベリー，オレンジ，メロンの5種類のアイスクリームの中から，4種類を選んで買います。選び方は全部で何通りありますか。

[　　　　　　]

3 右のおにぎりと飲み物の中から，1種類ずつを選んで買います。選び方は全部で何通りありますか。

おにぎり	飲み物
梅	緑茶
おかか	麦茶
こんぶ	ウーロン茶

[　　　　　　]

答えは80ページ ☞

資料の整理 ①

1 右の表は，6年1組の通学時間を調べたものです。

階級(分)	人数(人)
以上　　未満 0 ～ 5	5
5 ～ 10	7
10 ～ 15	11
15 ～ 20	4
20 ～ 25	2
25 ～ 30	1
合計	

❶ 6年1組の人数は何人ですか。

[　　　　　　　]

❷ 15分以上20分未満の人数は何人ですか。

[　　　　　　　]

❸ 通学時間が短いほうから数えて7番目の人は，どの階級に入っていますか。

[　　　　　　　]

❹ 10分未満の人数の割合は，6年1組全体の何%ですか。

[　　　　　　　]

答えは80ページ

資料の整理 ②

1 右の柱状グラフは、なおきさんの学校のソフトボールクラブで、部員のソフトボール投げの記録をまとめたものです。

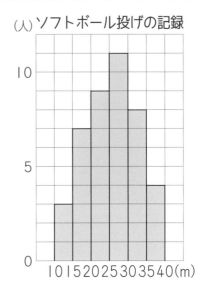

(人) ソフトボール投げの記録

10

5

0
　10 15 20 25 30 35 40(m)

❶ ソフトボールクラブの部員の人数は何人ですか。

[　　　　　　　　]

❷ もっとも人数が多いのは、どの階級ですか。

[　　　　　　　　]

❸ 記録が 35 m の人は、どの階級に入っていますか。

[　　　　　　　　]

❹ 記録が 25 m 以上の人数の割合は、ソフトボールクラブ全体の約何%ですか。四捨五入して一の位まで求めましょう。

[　　　　　　　　]

答えは80ページ ☞

代表値 ①

1 下の図は，学校の音楽クラブの部員が家で練習した日数を，ドットプロットに表したものです。

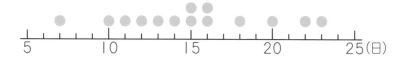

5　　　10　　　15　　　20　　　25(日)

❶ 音楽クラブの部員の人数は何人ですか。

[　　　　　　　]

❷ 平均値は何日ですか。

[　　　　　　　]

❸ 中央値は何日ですか。

[　　　　　　　]

❹ 最頻値は何日ですか。

[　　　　　　　]

答えは80ページ

代表値 ②

1　下の表は，6年1組の10月に読んだ本の冊数(さっすう)を調べたものです。

10月に読んだ本の冊数

冊数(冊)	0	1	2	3	4	5	6
人数(人)	5	10	8	4	1	0	2

❶ 6年1組の人数は何人ですか。

[　　　　　]

❷ 平均値(へいきんち)は何冊ですか。

[　　　　　]

❸ 中央値は何冊ですか。

[　　　　　]

❹ 最頻値(さいひんち)は何冊ですか。

[　　　　　]

答えは80ページ☞

まとめテスト ⑪

1 ⬚0⬚ ⬚1⬚ ⬚2⬚ ⬚3⬚ ⬚4⬚ の 5 枚のカードの中から 2 枚を使って，2 けたの整数をつくります。

❶ 2 けたの整数は全部で何通りできますか。

[　　　　　　]

❷ ❶のうち，奇数は何通りですか。

[　　　　　　]

2 右の表は，ゆうまさんの学校の陸上クラブで，部員の 50 m 走の記録をまとめたものです。

50 m 走の記録

階級（秒）	人数（人）
以上　　未満 7.5 ～ 8.0	4
8.0 ～ 8.5	7
8.5 ～ 9.0	13
9.0 ～ 9.5	11
9.5 ～10.0	9
10.0～10.5	6
合計	50

❶ 9.0 秒の人は，どの階級に入っていますか。

[　　　　　　]

❷ 8.5 秒未満の人数の割合は，陸上クラブ全体の何％ですか。

[　　　　　　]

答えは80ページ ☞

1 あんパン，ジャムパン，クリームパン，メロンパン，カレーパンの 5 種類のパンがあります。

❶ 2 種類を選んで買うとき，選び方は全部で何通りありますか。

[　　　　　]

❷ 4 種類を選んで買うとき，選び方は全部で何通りありますか。

[　　　　　]

2 下の表は，ゲームの得点をまとめたものです。

ゲームの得点(点)

得点(点)	0	1	2	3	4	5
人数(人)	5	6	9	10	8	2

❶ 平均値は何点ですか。

[　　　　　]

❷ 中央値は何点ですか。

[　　　　　]

① 線対称 ① 　　　1ページ

1 あ, え

≫考え方 1本の直線を折り目として2つに折るとき，折り目の両側がぴったりと重なる図形を線対称な図形といいます。

2 ❶

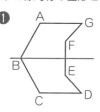

❷点F 　❸辺CB 　❹角D

② 線対称 ② 　　　2ページ

1 ❶4.5 cm 　❷8 cm

≫考え方 ❷BG＝FGだから，直線BFの長さは，直線BGの長さの2倍です。
4×2＝8

2

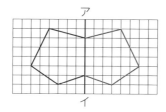

③ 点対称 ① 　　　3ページ

1 い, う

≫考え方 1つの点を中心として180°回転するとき，もとの図形にぴったりと重なる図形を点対称な図形といいます。

②

2 ❶（例）

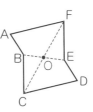

❷点D 　❸辺EF 　❹角C

④ 点対称 ② 　　　4ページ

1 ❶80° 　❷3 cm

≫考え方 ❷BO＝FOだから，直線BOの長さは，直線BFの長さの半分です。
6÷2＝3

2

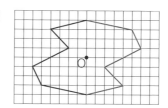

⑤ 多角形と対称 ① 　　　5ページ

1 ❶あ, え 　❷あ, い, え

2 ❶4本

❷

A　　　　　　　D

B　　　　　　　C

❸点C

⑥ 多角形と対称 ② 　　　6ページ

1 い, う

2 ❶あ, い, う, え 　❷い, う

⑦ **文字と式 ①** 　7ページ

1 ❶ $7 \times x \, (cm^2)$

❷ $x + 50 \, (円)$

❸ $x \div 4 \, (L)$

❹ $70 - x \, (枚)$

❺ $x \times 6 + 200 \, (g)$

⑧ **文字と式 ②** 　8ページ

1 ❶ $x - 15 = y$

❷ $200 \times x = y$

❸ $x + 67 = y$

❹ $x \div 8 = y$

❺ $30 \times x + 100 = y$

⑨ **文字と式 ③** 　9ページ

1 ❶ $x \times 4 \, (cm)$

❷ $36 cm$

》考え方 ❷ $9 \times 4 = 36 \, (cm)$

2 ❶ $x + 150 \, (円)$

❷ $260 円$

❸ $x = 90$

》考え方 ❷ $110 + 150 = 260 \, (円)$
❸ $x + 150 = 240$　$x = 240 - 150 = 90$

⑩ **文字と式 ④** 　10ページ

1 ❶ $80 \times x = y$

❷ $y = 240$

》考え方 ❷ $y = 80 \times 3 = 240$

2 ❶ $x - 0.2 = y$

❷ $y = 1.8$

❸ $x = 1.6$

》考え方 ❷ $y = 2 - 0.2 = 1.8$
❸ $x - 0.2 = 1.4$　$x = 1.4 + 0.2 = 1.6$

⑪ **まとめテスト ①** 　11ページ

1 ❶ 点G　❷ 辺DC

2 ❶ $x \div 5 \, (m)$　❷ $4m$

❸ $x = 8$

》考え方 ❷ $20 \div 5 = 4 \, (m)$
❸ $x \div 5 = 1.6$　$x = 1.6 \times 5 = 8$

⑫ **まとめテスト ②** 　12ページ

1 ❶ 点F　❷ 辺CD

2 ❶ $x \times 9 = y$　❷ $y = 36$

❸ $x = 3$

》考え方 ❷ $y = 4 \times 9 = 36$
❸ $x \times 9 = 27$　$x = 27 \div 9 = 3$

⑬ **分数のかけ算 ①** 　13ページ

1 $\dfrac{8}{9} \, m^2$

》考え方 $\dfrac{4}{9} \times 2 = \dfrac{4 \times 2}{9} = \dfrac{8}{9} \, (m^2)$

2 $\dfrac{9}{2} \, L \left(4 \dfrac{1}{2} \, L \right)$

》考え方 $\dfrac{3}{4} \times 6 = \dfrac{3 \times \overset{3}{\cancel{6}}}{\underset{2}{\cancel{4}}} = \dfrac{9}{2} \, (L)$

3 $\dfrac{21}{2} \, g \left(10 \dfrac{1}{2} \, g \right)$

》考え方 $\dfrac{7}{6} \times 9 = \dfrac{7 \times \overset{3}{\cancel{9}}}{\underset{2}{\cancel{6}}} = \dfrac{21}{2} \, (g)$

⑭ **分数のかけ算 ②** 　14ページ

1 $\dfrac{15}{56} \, kg$

》考え方 $\dfrac{3}{7} \times \dfrac{5}{8} = \dfrac{3 \times 5}{7 \times 8} = \dfrac{15}{56} \, (kg)$

2 $\frac{12}{5}$ L $\left(2\frac{2}{5}\text{ L}\right)$

≫考え方 $\frac{4}{3} \times \frac{9}{5} = \frac{4 \times \overset{3}{9}}{3 \times 5} = \frac{12}{5}$ (L)

3 630 円

≫考え方 $720 \times \frac{7}{8} = \frac{\overset{90}{720} \times 7}{1 \times 8} = 630$ (円)

---

⑮ 分数のかけ算 ③　　15ページ

1 $\frac{14}{15}$ g

≫考え方 $2\frac{1}{3} \times \frac{2}{5} = \frac{7}{3} \times \frac{2}{5} = \frac{14}{15}$ (g)

2 $\frac{21}{5}$ L $\left(4\frac{1}{5}\text{ L}\right)$

≫考え方 $1\frac{1}{2} \times 2\frac{4}{5} = \frac{3}{2} \times \frac{14}{5} = \frac{21}{5}$ (L)

3 $\frac{11}{2}$ kg $\left(5\frac{1}{2}\text{ kg}\right)$

≫考え方 $1\frac{3}{4} \times 3\frac{1}{7} = \frac{7}{4} \times \frac{22}{7} = \frac{11}{2}$ (kg)

---

⑯ 分数のかけ算 ④　　16ページ

1 ❶ $\frac{7}{18}$ m² ❷ $\frac{3}{5}$ m²

≫考え方 ❶ $\frac{4}{9} \times \frac{7}{8} = \frac{7}{18}$ (m²)

❷ $\frac{9}{10} \times \frac{2}{3} = \frac{3}{5}$ (m²)

2 ❶ $\frac{40}{63}$ m³ ❷ $\frac{64}{27}$ m³ $\left(2\frac{10}{27}\text{m}^3\right)$

≫考え方 ❶ $\frac{2}{3} \times \frac{8}{7} \times \frac{5}{6} = \frac{2 \times 8 \times \overset{1}{5}}{3 \times 7 \times \underset{3}{6}} = \frac{40}{63}$ (m³)

❷ $\frac{4}{3} \times \frac{4}{3} \times \frac{4}{3} = \frac{4 \times 4 \times 4}{3 \times 3 \times 3} = \frac{64}{27}$ (m³)

---

⑰ 分数のわり算 ①　　17ページ

1 $\frac{7}{24}$ m²

≫考え方 $\frac{7}{8} \div 3 = \frac{7}{8 \times 3} = \frac{7}{24}$ (m²)

2 $\frac{3}{14}$ kg

≫考え方 $\frac{6}{7} \div 4 = \frac{\overset{3}{6}}{7 \times 4} = \frac{3}{14}$ (kg)

3 $\frac{3}{20}$ L

≫考え方 $\frac{9}{10} \div 6 = \frac{\overset{3}{9}}{10 \times \underset{2}{6}} = \frac{3}{20}$ (L)

---

⑱ 分数のわり算 ②　　18ページ

1 $\frac{15}{28}$ kg

≫考え方 $\frac{3}{7} \div \frac{4}{5} = \frac{3 \times 5}{7 \times 4} = \frac{15}{28}$ (kg)

2 $\frac{16}{27}$ kg

≫考え方 $\frac{10}{9} \div \frac{15}{8} = \frac{\overset{2}{10} \times 8}{9 \times \underset{3}{15}} = \frac{16}{27}$ (kg)

3 6 本

≫考え方 $\frac{9}{4} \div \frac{3}{8} = \frac{\overset{3}{9} \times \overset{2}{8}}{\underset{1}{4} \times \underset{1}{3}} = 6$ (本)

---

⑲ 分数のわり算 ③　　19ページ

1 $\frac{40}{9}$ t $\left(4\frac{4}{9}\text{ t}\right)$

≫考え方 $6\frac{2}{3} \div 1\frac{1}{2} = \frac{20}{3} \div \frac{3}{2} = \frac{40}{9}$ (t)

2 $\frac{8}{9}$ kg

≫考え方 $3\frac{1}{3} \div 3\frac{3}{4} = \frac{10}{3} \div \frac{15}{4} = \frac{8}{9}$ (kg)

3 15 km

>>考え方 $17\frac{1}{2} \div 1\frac{1}{6} = \frac{35}{2} \div \frac{7}{6} = 15$(km)

⑳ 分数のわり算 ④　　**20ページ**

1 $\frac{20}{27}$ m

>>考え方 $\frac{5}{9} \div \frac{3}{4} = \frac{20}{27}$(m)

2 $\frac{7}{8}$ m

>>考え方 $\frac{7}{10} \div \frac{4}{5} = \frac{7}{8}$(m)

3 $\frac{9}{2}$ m $\left(4\frac{1}{2}\ m\right)$

>>考え方 $\frac{21}{16} \div \frac{3}{8} \div \frac{7}{9} = \frac{\overset{3}{\cancel{21}} \times \overset{1}{\cancel{8}} \times \overset{1}{\cancel{9}}}{\underset{2}{\cancel{16}} \times \underset{1}{\cancel{3}} \times \underset{1}{\cancel{7}}} = \frac{9}{2}$(m)

㉑ 分数の倍とかけ算・わり算 ①　**21ページ**

1 ❶ $\frac{15}{16}$ 倍

　 ❷ $\frac{6}{5}$ 倍 $\left(1\frac{1}{5}\ 倍\right)$

>>考え方 ❶ $\frac{5}{8} \div \frac{2}{3} = \frac{15}{16}$(倍)

❷ $\frac{3}{4} \div \frac{5}{8} = \frac{6}{5}$(倍)

2 $\frac{21}{20}$ 倍 $\left(1\frac{1}{20}\ 倍\right)$

>>考え方 $\frac{9}{10} \div \frac{6}{7} = \frac{21}{20}$(倍)

㉒ 分数の倍とかけ算・わり算 ②　**22ページ**

1 160 cm

>>考え方 $140 \times \frac{8}{7} = 160$(cm)

2 $\frac{10}{27}$ kg

>>考え方 $\frac{4}{9} \times \frac{5}{6} = \frac{10}{27}$(kg)

3 250 円

>>考え方 ハンバーガーの値段を x 円とすると，

$x \times \frac{4}{5} = 200$　$x = 200 \div \frac{4}{5} = 250$

㉓ まとめテスト ③　　**23ページ**

1 $\frac{5}{9}$ kg

>>考え方 $\frac{10}{3} \div 6 = \frac{5}{9}$(kg)

2 45 km

>>考え方 $20\frac{1}{4} \times 2\frac{2}{9} = \frac{81}{4} \times \frac{20}{9} = 45$(km)

3 $\frac{16}{25}$ 倍

>>考え方 $\frac{12}{5} \div \frac{15}{4} = \frac{16}{25}$(倍)

㉔ まとめテスト ④　　**24ページ**

1 90 円

>>考え方 $150 \times \frac{3}{5} = 90$(円)

2 $\frac{11}{8}$ dL $\left(1\frac{3}{8}\ dL\right)$

>>考え方 $1\frac{5}{6} \div 1\frac{1}{3} = \frac{11}{6} \div \frac{4}{3} = \frac{11}{8}$(dL)

3 4900 m^2

>>考え方 南公園の面積を x m^2 とすると，

$x \times \frac{5}{7} = 3500$　$x = 3500 \div \frac{5}{7} = 4900$

㉕ 円の面積 ①　　25 ページ

1　❶ 28.26 cm² 　❷ 50.24 cm²

》考え方 円の面積＝半径×半径×円周率
❶ 3×3×3.14＝28.26（cm²）
❷ 4×4×3.14＝50.24（cm²）

2　❶ 76.93 cm² 　❷ 12.56 cm²

》考え方 ❶ 7×7×3.14÷2＝76.93（cm²）
❷ 4×4×3.14÷4＝12.56（cm²）

㉖ 円の面積 ②　　26 ページ

1　4 倍

》考え方 10×10×3.14＝314
5×5×3.14＝78.5
314÷78.5＝4（倍）

2　❶ 12.56 cm²
　　❷ 153.86 cm²

》考え方 ❶ 12.56÷3.14÷2＝2
2×2×3.14＝12.56（cm²）
❷ 43.96÷3.14÷2＝7
7×7×3.14＝153.86（cm²）

㉗ 円の面積 ③　　27 ページ

1　❶ 103.62 cm² 　❷ 235.5 cm²
　　❸ 13.76 cm² 　❹ 10.26 cm²

》考え方 ❶ 7×7×3.14－4×4×3.14
＝103.62（cm²）
❷ 10×10×3.14÷2
＋5×5×3.14÷2×2＝235.5（cm²）
❸ 8×8－8×8×3.14÷4＝13.76（cm²）
❹ 3×3×3.14－6×6÷2＝10.26（cm²）

㉘ 角柱や円柱の体積 ①　　28 ページ

1　❶ 135 cm³ 　❷ 72 cm³
　　❸ 502.4 cm³ 　❹ 235.5 cm³

》考え方 角柱，円柱の体積＝底面積×高さ
❶ 6×5÷2×9＝135（cm³）
❷ (7＋5)×3÷2×4＝72（cm³）
❸ 4×4×3.14×10＝502.4（cm³）
❹ 5×5×3.14×3＝235.5（cm³）

㉙ 角柱や円柱の体積 ②　　29 ページ

1　❶ 36 cm³ 　❷ 226.08 cm³

》考え方 ❶三角柱ができます。
4×3÷2×6＝36（cm³）
❷円柱ができます。
3×3×3.14×8＝226.08（cm³）

2　7 cm

》考え方 252÷36＝7（cm）

㉚ 角柱や円柱の体積 ③　　30 ページ

1　❶ 264 cm³ 　❷ 736 cm³
　　❸ 43.96 cm³ 　❹ 565.2 cm³

》考え方 ❶(8×7－3×4)×6＝264（cm³）
❷(10×10－4×4÷2)×8＝736（cm³）
❸ 2×2×3.14÷2×7＝43.96（cm³）
❹(6×6×3.14－4×4×3.14)×9
＝565.2（cm³）

㉛ およその面積と体積 ①　　31 ページ

1　❶三角形 　❷約2100 m²

》考え方 ❷70×60÷2＝2100（m²）

2　❶台形 　❷約1600 m²

》考え方 ❷(30＋50)×40÷2＝1600（m²）

㉜ およその面積と体積 ②　　32 ページ

1　❶直方体 　❷約864 cm³

》考え方 ❷ 12×18×4＝864（cm³）

2　❶円柱 　❷約25.12 cm²

》考え方 ❷ 1×1×3.14×8＝25.12（cm³）

㉝ まとめテスト ⑤　　33 ページ

1 ❶ 113.04 cm²

❷ 127.17 cm²

≫≫考え方 ❶ 6×6×3.14＝113.04（cm²）
❷ 9×9×3.14÷2＝127.17（cm²）

2 ❶ 84 cm³　❷ 401.92 cm³

≫≫考え方 ❶ 7×6÷2×4＝84（cm³）
❷ 4×4×3.14×8＝401.92（cm³）

㉞ まとめテスト ⑥　　34 ページ

1 ❶ 28.5 cm²　❷ 31.4 cm²

≫≫考え方 ❶ 10×10×3.14÷4
－10×10÷2＝28.5（cm²）
❷ （7×2－5×2）÷2＝2
7×7×3.14÷2－5×5×3.14÷2
－2×2×3.14÷2＝31.4（cm²）

2 28 cm²

≫≫考え方 168÷6＝28（cm²）

3 508.68 cm³

≫≫考え方 56.52÷3.14÷2＝9
9×9×3.14×2＝508.68（cm³）

㉟ 比 ①　　35 ページ

1 ❶ 15：13　❷ 15：28

2 ❶ $\dfrac{4}{7}$　❷ $\dfrac{3}{8}$　❸ $\dfrac{1}{3}$　❹ $\dfrac{3}{4}$

❺ $\dfrac{5}{9}$　❻ $\dfrac{6}{5}$

≫≫考え方 $a：b$ の比の値は，a を b でわっ
た商になります。

㊱ 比 ②　　36 ページ

1 あ，え

2 ❶ 1：2　❷ 2：3　❸ 5：8

❹ 6：5　❺ 4：9　❻ 7：9

≫≫考え方 $a：b$ の，a と b を同じ数でわっ
たり，a と b に同じ数をかけたりして，で
きるだけ小さい整数の比になおします。

㊲ 比 ③　　37 ページ

1 ❶ $x＝6$　❷ $x＝16$　❸ $x＝9$

❹ $x＝3$　❺ $x＝40$

❻ $x＝63$　❼ $x＝2$　❽ $x＝6$

≫≫考え方 $a：b$ の，a と b に同じ数をかけ
ても，a と b を同じ数でわっても，できる
比は，$a：b$ と等しくなります。

㊳ 比を使った問題 ①　　38 ページ

1 60 mL

≫≫考え方 サラダ油が x mL 必要だとする
と，2：3＝40：x　$x＝3×20＝60$

2 48 cm

≫≫考え方 青いリボンの長さを x cm とする
と，5：8＝30：x　$x＝8×6＝48$

3 72 人

≫≫考え方 6 年生の人数を x 人とすると，
7：6＝84：x　$x＝6×12＝72$

㊴ 比を使った問題 ②　　39 ページ

1 48 cm

≫≫考え方 横の長さを x cm とすると，
3：4＝36：x　$x＝4×12＝48$

2 40 枚

≫≫考え方 まきさんが x 枚持っていると
すると，7：5＝56：x　$x＝5×8＝40$

3 350 円

≫≫考え方 ハンバーガーの値段を x 円とする
と，5：2＝x：140　$x＝5×70＝350$

㊵ 比を使った問題 ③　　40ページ

1 　25枚

》》考え方 ゆうさんのカードの枚数を x 枚
とすると，5+4=9
5：9=x：45
x=5×5=25

2 　150 mL

》》考え方 コーヒーが x mL 必要だとすると，
5+3=8
5：8=x：240
x=5×30=150

3 　240人

》》考え方 8+7=15
1年生から3年生の人数を x 人とすると，
8：15=x：450
x=8×30=240

㊶ 拡大図と縮図 ①　　41ページ

1 ❶（左から）き，2倍

❷（左から）え，$\dfrac{1}{2}$

2 　いえない。

》》考え方 縦の辺の長さの比は5：9，横の
辺の長さの比は6：10=3：5で，辺の
長さの比が等しくないので，拡大図とはい
えません。

㊷ 拡大図と縮図 ②　　42ページ

1 ❶2倍

❷対応する辺…辺GH

長さ…6 cm

❸対応する角…角F

大きさ…80°

㊸ 拡大図と縮図 ③　　43ページ

1 ❶（例）

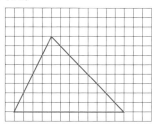

❷（例）

㊹ 縮図の利用　　44ページ

1 ❶$\dfrac{1}{2000}$ ❷54 m

》》考え方 ❶縮図上のABの長さは2 cmです。
40 m=4000 cm　2÷4000=$\dfrac{1}{2000}$

2 ❶

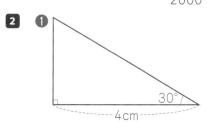

❷約11.5 m

》》考え方 ❷ABに対応する縮図上の長さは
約2.3 cmです。2.3×500=1150（cm）
1150 cm=11.5 m

㊺ まとめテスト ⑦　　45ページ

1 　5：6

》》考え方 400：480=5：6

2 　56本

》》考え方 白い花の本数を x 本とすると，
3：7=24：x　x=7×8=56

3 ❶60° ❷4 cm

答え

㊻ まとめテスト ⑧ 　　46 ページ

1 ❶ $x=28$ 　❷ $x=5$

2 9 cm

≫考え方 縦の長さを x cm とすると,
$60÷2=30$ 　$3+7=10$
$3:10=x:30$ 　$x=3×3=9$

3 9 m

≫考え方 縮図上でＡＢの長さは 2.5 cm,
ＢＣの長さは 4.5 cm です。
5 m$=500$ cm 　$500÷2.5=200$
$4.5×200=900$(cm) 　900 cm$=9$ m
次のように比を使って考えることもできる。
BC の実際の長さを xm とすると,
$2.5:4.5=5:x$ 　$x=4.5×2=9$

㊼ 比 例 ① 　　47 ページ

1 ❶（左から）15, 20, 25, 30
❷ 2 倍, 3 倍, …になる。
❸ 5 　❹ 比例 　❺ $y=5×x$

㊽ 比 例 ② 　　48 ページ

1 ❶（左から）9, 12, 15, 18
❷ $y=3×x$ 　❸ $\frac{3}{2}$ 倍 　❹ $\frac{5}{6}$ 倍

㊾ 比 例 ③ 　　49 ページ

1 ❶（左から）360, 480, 600, 720
❷ $y=60×x$ 　❸ 0.8 倍
❹ $y=900$ 　❺ $x=21$

≫考え方 ❹ $y=60×15=900$
❺ $1260=60×x$ 　$x=1260÷60=21$

㊿ 比 例 ④ 　　50 ページ

1 ❶○ 　❷× 　❸× 　❹○

2 ❶ $y=x×2.5$ 　❷ 15 cm^2
❸ 16 cm

≫考え方 ❷ $y=6×2.5=15$
❸ $40=x×2.5$ 　$x=40÷2.5=16$

㋑ 比例のグラフ ① 　　51 ページ

1 ❶（左から）6, 8, 10, 12
❷ $y=2×x$

❸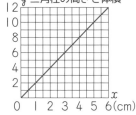
(cm³) y 三角柱の高さと体積

❹ $y=7$

㋒ 比例のグラフ ② 　　52 ページ

1 ❶ A…60 g 　B…40 g
❷ A…2 m 　B…3 m
❸ A…$y=15×x$
　 B…$y=10×x$
❹ A

㋓ 比例の利用 ① 　　53 ページ

1 ❶ 2.6 g 　❷ 390 g

≫考え方 ❶ $26÷10=2.6$(g)
❷ $2.6×150=390$(g)

2 ❶ 3.5 倍 　❷ 455 g

≫考え方 ❶ $70÷20=3.5$(倍)
❷ $130×3.5=455$(g)

(54) 比例の利用 ② 54ページ

1 ❶ 54 g ❷ 170 個

≫考え方 ❶ $12÷20=0.6$
$0.6×90=54$(g)
❷ $102÷0.6=170$(個)

2 ❶ 360 g ❷ 130 枚

≫考え方 ❶ $45÷10=4.5$
$4.5×80=360$(g)
❷ $585÷4.5=130$(枚)

(55) 反比例 ① 55ページ

1 ❶(左から)20, 15, 12, 10
❷ $\frac{1}{2}$倍, $\frac{1}{3}$倍, …になる。
❸ 60 ❹反比例
❺ $y=60÷x$

(56) 反比例 ② 56ページ

1 ❶(左から)6, 4.5, 3.6, 3
❷ $y=36÷x$ ❸ 4 倍
❹ $y=2.4$ ❺ $x=7.2$

≫考え方 ❹ $y=36÷15=2.4$
❺ $x=36÷5=7.2$

(57) 反比例 ③ 57ページ

1 ❶ × ❷ ○ ❸ ×

2 ❶ $y=48÷x$ ❷ 24 分
❸ 3.2 L

≫考え方 ❷ $y=48÷2=24$
❸ $x=48÷15=3.2$

(58) 反比例のグラフ 58ページ

1 ❶(左から)2, 1.5, 1
❷ $y=6÷x$
❸
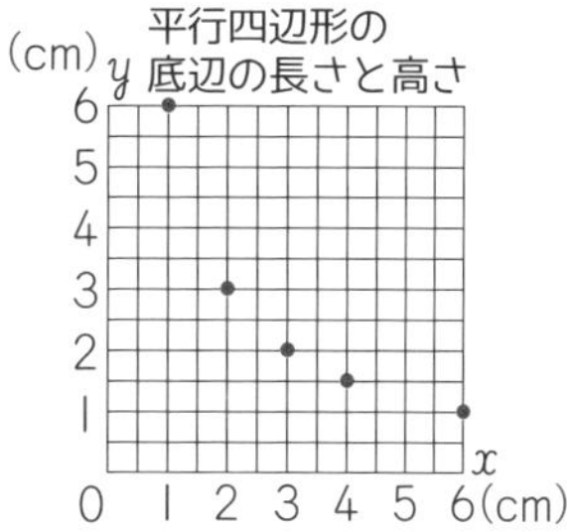
平行四辺形の
底辺の長さと高さ
(cm) y
6
5
4
3
2
1
0
1
2
3
4
5
6(cm)
x
❹ $y=12$

≫考え方 ❹ $y=6÷0.5=12$

(59) まとめテスト ⑨ 59ページ

1 ❶ △ ❷ × ❸ ○ ❹ ○

2 ❶ $y=x×8$ ❷ 28 cm^2
❸ 6.5 cm

≫考え方 ❷ $y=3.5×8=28$
❸ $x=52÷8=6.5$

(60) まとめテスト ⑩ 60ページ

1 ❶ $y=1200÷x$ ❷ 24 分
❸分速 150 m

≫考え方 ❷ $y=1200÷50=24$
❸ $x=1200÷8=150$

2 ❶ 64 g ❷ 8.5 m

≫考え方 ❶ $48÷3=16$ $16×4=64$(g)
❷ $136÷16=8.5$(m)

(61) 並べ方 ① 61ページ

1 6 通り

≫考え方 樹形図(じゅけいず)や表を使って, 落ちや重なりがないように数えます。

左 中 右 　左 中 右 　左 中 右
A<B−C, C−B 　B<A−C, C−A 　C<A−B, B−A

2 ❶24 通り ❷18 通り

≫考え方 ❷0は千の位には使えません。

3 12 通り

㉖ **並べ方 ②**　　　　**62 ページ**

1 ❶12 通り ❷20 通り

2 ❶8 通り ❷16 通り

㉝ **組み合わせ ①**　　　**63 ページ**

1 6 通り

≫考え方 AとB，BとAは同じ組み合わせです。

2 ❶10 通り ❷10 通り

3 4 通り

≫考え方 ぶどう，みかん，りんご，ももがそれぞれ選ばれなかった場合の4通りです。

㉞ **組み合わせ ②**　　　**64 ページ**

1 15 通り

2 5 通り

3 9 通り

㉟ **資料の整理 ①**　　　**65 ページ**

1 ❶30 人 ❷4 人
❸5 分以上 10 分未満
❹40%

≫考え方 ❹(5+7)÷30×100=40(%)

㊱ **資料の整理 ②**　　　**66 ページ**

1 ❶42 人
❷25 m 以上 30 m 未満
❸35 m 以上 40 m 未満

---

❹約55%

≫考え方 ❹(11+8+4)÷42×100
=54.7…

㊲ **代表値 ①**　　　　**67 ページ**

1 ❶15 人 ❷15.2 日 ❸15 日
❹16 日

≫考え方 ❷(7+10+11+12+13+14
+15×2+16×3+18+20+22+23)
÷15=15.2(日)
❸資料を大きさの順に並べたときのまん中の値を**中央値**といいます。
❹資料の中で最も個数が多い値を**最頻値**といいます。

㊳ **代表値 ②**　　　　**68 ページ**

1 ❶30 人 ❷1.8 冊 ❸1.5 冊
❹1 冊

≫考え方 ❷(0×5+1×10+2×8+3×4
+4×1+5×0+6×2)÷30=1.8(冊)
❸資料の個数が偶数のときは，大きさの順に並べたときのまん中にある2つの値の平均を中央値とします。

㊴ **まとめテスト ⑪**　　**69 ページ**

1 ❶16 通り ❷6 通り

2 ❶9.0 秒以上 9.5 秒未満
❷22%

≫考え方 ❷(4+7)÷50×100=22(%)

㊵ **まとめテスト ⑫**　　**70 ページ**

1 ❶10 通り ❷5 通り

2 ❶2.4 点 ❷2.5 点
